Bibliografische Information der Deutschen Nationalbibliothek:

Die Deutsche Bibliothek verzeichnet diese Publikation in der Deutschen National-
bibliografie; detaillierte bibliografische Daten sind im Internet über http://dnb.d-
nb.de/ abrufbar.

Impressum:

Copyright © 2007 GRIN Verlag, Open Publishing GmbH
Druck und Bindung: Books on Demand GmbH, Norderstedt Germany
ISBN: 9783640510542

Dieses Buch bei GRIN:

http://www.grin.com/de/e-book/141040/geomorphologie-und-boeden-der-borealen-
zone

Jana Kirchhübel

Geomorphologie und Böden der Borealen Zone

GRIN Verlag

GRIN - Your knowledge has value

Der GRIN Verlag publiziert seit 1998 wissenschaftliche Arbeiten von Studenten, Hochschullehrern und anderen Akademikern als eBook und gedrucktes Buch. Die Verlagswebsite www.grin.com ist die ideale Plattform zur Veröffentlichung von Hausarbeiten, Abschlussarbeiten, wissenschaftlichen Aufsätzen, Dissertationen und Fachbüchern.

Besuchen Sie uns im Internet:

http://www.grin.com/

http://www.facebook.com/grincom

http://www.twitter.com/grin_com

Friedrich-Schiller-Universität Jena   SoSe 2007

Institut für Geographie

Abteilung Physische Geographie

HS: Die Ökozonen der Erde

Geomorphologie und Böden der borealen Nadelwaldzone

Seminararbeit

vorgelegt von:

Jana Kirchhübel

Studiengang: Germanistik/Geographie (LA Gym)

Abgabedatum: 25.04.2007

Inhalt

Abbildungen

1 DIE BOREALE ZONE

Die *Boreale Zone* ist eine der neun *Ökozonen*, die global unterschieden werden. MÜLLER-HOHENSTEIN bezeichnet jenen Begriff der Ökozonen (bzw. Landschaftsgürtel) als einen „zonal angeordneten Teil der Erdoberfläche, der durch die Zusammenhänge zwischen den Faktorenkomplexen Klima, Boden, Pflanzen- und Tierwelt ein charakteristisches räumliches Wirtschaftsgefüge besitzt (primäres Ökosystem). In einem System von Naturräumen nehmen die Landschaftsgürtel die höchste Ordnungsstufe ein" (1981:15). In **Abb. 1** werden die Faktoren, die zur Ausbildung der Landschaftszonen beitragen, und ihre wechselseitigen Beziehungen schematisch dargestellt.

Somit handelt es sich bei der Einteilung der Erde in Ökozonen um eine großräumige Gliederung, die sich im Besonderen sowohl an den Vegetationsräumen als auch an den Klimazonen orientiert (für die wiederum jeweils unterschiedliche Einteilungen existieren). In diesem Sinne ist davon auszugehen, dass eine enorme Generalisierung der Merkmale von Nöten ist, da „trotz aller kleinräumlichen Vielfalt in sich übereinstimmende Ordnungsmerkmale" (KLOHN & WINDHORST 2002:54) aufzuzeigen sind, die eine Abgrenzung von

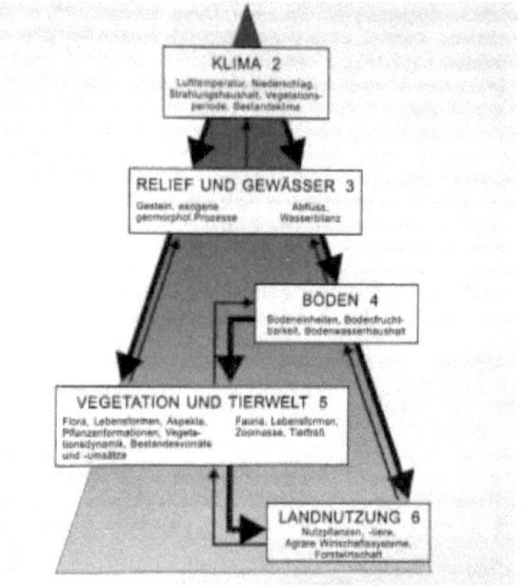

Abb. 1: **Einflussfaktoren der Ökozonen** (Schultz 2002a:19)

anderen Ökozonen ermöglichen. Durch die anthropogenen Eingriffe in den Naturhaushalt wird es bedingt auch zu einer Verlagerung bzw. Verschiebung der Ökozonen kommen (GERBER 2002:10).

Im Bezug auf die boreale geoökologische Zone sind die allgemeinen Merkmale folgendermaßen repräsentiert:
Ihre Lage erstreckt sich zirkumpolar zwischen dem 60. und 70. Breitengrad ausschließlich auf der Nordhemisphäre, da auf der Südhalbkugel aufgrund der zugunsten des Meeres ausfallenden Land-Meer-Verteilung in jenen Breitengraden eine

Ausbildung der Zone nicht möglich ist (MÜLLER-HOHENSTEIN 1981:174). Die maximale Nord-Südausdehnung ist in Nordamerika auf 1500 km, in Eurasien auf 2000 km datiert. Eine Summierung aller zugehörigen Teilflächen ergibt eine gesamte Fläche von nahezu 20 Mio. km² – was laut SCHULTZ 13% der Festlandes der gesamten Erde ausmacht (SCHULTZ 2002a:114).

Das Klima der Borealen Zone wird im Allgemeinen als feucht und winterkalt angegeben, man unterscheidet jedoch den kalt-kontinentalen (T_m <5°C, N_m 150-300mm) sowie den kalt-ozeanischen Klimatyp (T_m ca. 0°C, N_m >300mm) (PUSTOVOYTOV & FIEDLER 2006:2). Nach der Klimaklassifikation *Troll und Paffens* entspricht die Zone dem Typ II2 (KLOHN & WINDHORST 2002:61); nach dem Modell *Köppen-Geiger-Pohls* dem Typ **Dfb/Dfc**, der für ein „schneeiges Waldklima mit feuchtem Winter" (STRAHLER & STRAHLER 1999:197) steht, welches sich – im Falle **Dfb** – durch einen warmen Sommer mit einer Mitteltemperatur des wärmsten Monats unter 22°C kennzeichnet. Dies trifft im weiter südlich gelegenen Bereich der Zone zu. Im Falle **Dfc**, der die nördlicheren Bereiche betrifft, erreicht die Monatsmitteltemperatur in weniger als vier Monaten mehr als 10°C und der Sommer ist kühl und kurz (EBD.).

Die Vegetation der Zone ist geprägt durch eine ausgedehnte Waldlandschaft, welche sich entlang ihrer Nord-Süd-Ausdehnung von einem Waldtundra ähnlichem Vorkommen bis hin zu Mischwäldern im Süden wandelt. Eine wesentliche Unterscheidung wird weiterhin durch die Unterteilung in dunkle Taiga (vorrangig Kiefern, Fichten und Tannen) sowie die helle Taiga (winterkahle Lärchen) vorgenommen. (ZECH & HINTERMAIER-ERHARD 2002:16)

Die Vegetationsperiode (Monate, in welchen die Mitteltemperaturen einen Wert von mindestens 5°C erreichen und in welchen das Pflanzenwachstum einsetzt) beträgt zwischen 3 und 6 Monaten und steht zudem unter ozeanischem bzw. kontinentalem, klimatischen Einfluss (EBD.)

Auf die zonenbeeinflussenden Bereiche der Geomorphologie und des Reliefs sowie der Verbreitung und Entstehung der Böden soll in den folgenden Abschnitten ausführlicher eingegangen werden. Sowohl deren Ausprägungen als auch deren Wechselwirkungen mit anderen Geofaktoren sind aufzuzeigen. In diesem Sinne wird ebenso der Bereich der Borealen Moore betrachtet, der als Exempel dienen soll, die Beziehungen von Geomorphologie, Boden mit Vegetation und Klima darzulegen.

2.1   Definition und Abgrenzung des Begriffes Geomorphologie

Die *Geomorphologie* beschäftigt sich mit der „wissenschaftliche[n] Untersuchung der Landformen einschließlich ihrer Entstehungsgeschichte und der Prozesse, welche die Landformen erzeugen" (STRAHLER & STRAHLER 1999:304). Dabei lassen sich die analytische, synthetische sowie die klimatische Geomorphologie unterscheiden (GEBHARD 2007:262). Erstere untersucht dabei vor allem Verwitterungsvorgänge, Bodenbildung, sowie Massenbewegungen und fluvial, glazial und äolisch geformte Landschaften und deren Entstehungsvorgänge. Die synthetische Geomorphologie bezeichnet die Landschaftsformen, die durch Zusammenwirken verschiedener morphologischer Prozesse entstanden sind. Die klimatischen Voraussetzungen der landschaftlichen Formenbildung werden durch die klimatische Geomorphologie untersucht (EBD.).

Die folgende Betrachtung der Geomorphologie der Borealen Zone wird vor allem dem analytischen Typus gewidmet sein.

2.2   Das Relief der Borealen Zone

Das geomorphologische Relief betrachtet die landschaftlichen Großformen, die in einem bestimmten Gebiet auftreten. Da sich viele landschaftliche Großeinheiten jedoch über mehrere Landschaftszonen erstrecken (bspw. die Rocky Mountains), ist es zweckmäßig, nur zonentypische, nicht überzonale, Reliefgegebenheiten aufzunehmen. In der Borealen Zone betrifft dies vor allem die alten vulkanischen Schilde und Kontinentaltafeln, die sich fast über das gesamte Territorium erstrecken. Diese Schilde sind Zeugen des Altpaläozoikums und sind durch neuerliche Orogenesen nicht verändert worden (SCHULTZ 2002b:187). Lediglich die Kraft der Erosion, sowie die letzte Eiszeit mit ihren erosiven Vorgängen hinterließ Veränderungen an jenen Bereichen.

Somit bilden eine weitere zonencharakteristische Reliefform die Landformen der eiszeitlichen Überprägungen. Während in Deutschland Endmoränenzüge, Sander und Ursprungstäler als Überreste der letzte Inlandvereisung zu finden sind, so finden sich in der Borealen Zone – die natürlich ebenso mehrfach von Gletschern im Pleistozän bedeckt war – jedoch nur solche eiszeitliche Formen, die von der *Glazialerosion* zeugen (SCHULTZ 2002b:187). Bei den Formen jener glazialen Abtragung lassen sich drei grundlegende Prozesse unterscheiden: die *Deterision,* Schleifwirkungen, bei welcher u.a. Formen wie Rundhöcker oder Schären entstehen, die *Detraktion,* das Herausbrechen von Gesteinsbrocken (bspw. bei der Entstehung von Karen und Trogtälern) sowie die *Exaration,* wodurch es zur Ausbildung von Felsbecken kam, die heute als Seen die Landschaft charakterisieren (BLUME 1991:97).

Das Klima bildete nicht nur für die Ausbildung der glazialen Formen im Pleistozän die grundlegende Rolle, auch für die heutigen landschaftlichen Veränderungen sind die klimatischen Bedingungen als Wechselwirkungen entscheidend.

2.3 Frostdynamische Formen

Große Teilflächen des borealen Landschaftsgürtels sind durch Permafrostböden gekennzeichnet. Die langen, kalten Winter, in denen über sechs bis sieben Monate hinweg eine Schneedecke von maximal 1m ausgebildet wird, halten den Boden in einer Dauergefrornis (KLOHN & WINDHORST 2002:194). In den kurzen Monaten des Sommers können in vielen Gebieten oberflächennahe Bereiche auftauen – wobei die Auftauschicht in südlicher gelegenen Gebieten größer ist als in nördlichen. Tiefer gelegene Bodenschichten jedoch verbleiben im gefrorenen Zustand. Es gilt auch hier eine Unterscheidung zwischen kontinuierlichem, diskontinuierlichem und sporadischem Permafrost vorzunehmen (EBD.). In **Abb.2** ist ein Nord-Süd-Profilschnitt durch Kanada dargestellt, der den Übergangsbereich des Permafrostes verdeutlichen soll.

Daraus ergeben sich die landschaftlichen Prägungen, die als frostdynamische Formen bezeichnet werden.

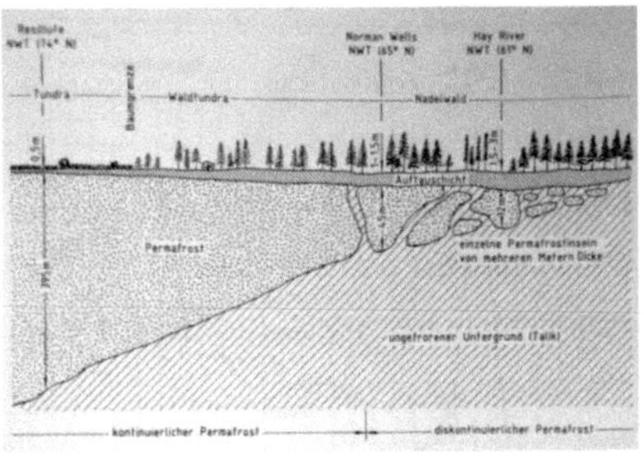

Abb. 2: **Übergangszone des Permafrostbodens**

(KLOHN & WINDHORST 2002:201)

2.3.1 Frostwechselformen

Unter Frostwechselformen verstehen sich jene geomorphologischen Bildungen, die mit den jahres- (und tages-)zeitlichen Temperaturschwankungen und somit auch mit dem

Vorhandensein des Permafrostes einhergehen. Typische – vor allem organogene – Bildungen sind *Palsas* und *Pingos*. Dabei handelt es sich um rundliche, meist symmetrische Bodenerhebungen, die sich aufgrund eines im Boden befindlichen Eiskernes gebildet haben. Palsas bilden sich bevorzugt auf wasserreichen Moorböden aus – in Palsenmooren. Diese werden an späterer Stelle, ebenso wie die *Strangmoore*, noch eingehender betrachtet werden. Pingos hingegen, die eine Höhe von 50-100m erreichen können (BLUME 1991:98), bilden ihren Eiskern über Talik aus, d.h. im Dauerfrostboden befindlichen, ungefrorenen Bereichen, aus welchen sie mithilfe von hydrostatischem Druck für das beständige Wachsen des Kernes Wasser ziehen (EBD.). Des Weiteren „kommen auch (minerogene) *Erdbülten* noch ziemlich häufig vor" (SCHULTZ 2002b:188; Hervorhebung d. V.).

2.3.2   Abschmelz- und Thermokarstformen

Abschmelzhohlformen bilden die zweite wesentliche Gruppe der frostdynamischen Prozesse. Als weitverbreiteter Typ sind hier *Alasse* (Thermokarstseen) zu nennen, wie man sie u.a. verstärkt in Kanada in den Hudson Bay Lowlands finden kann. Dies sind „kilometerweite flache Seen, die beim lokal verstärkten Auftauen des Permafrostbodens (besonders wenn dieser sehr eisreich ist) und dem damit einhergehenden Zusammensacken des Lockermaterials entstehen" (SCHULTZ 2002b:188). Auch lokalklimatische Änderungen können die Ursache für die Ausbildung solcher Formen bilden: Mit der Abholzung der Borealen Wälder, die für die Absorption und Reflexion der Sonneneinstrahlung dienlich sind, sodass der größte Teil dessen nicht bis zum Boden vordringen kann und somit der Boden nur geringfügig vom Frost befreit wird, verschieben sich entscheidend die Einstrahlungsverhältnisse zugunsten des Erdbodens (EBD.). Dies hat zur Folge, dass größere Bereiche des Permafrostbodens (und vor allem auch tiefliegendere) fortan auftauen. Dabei entstehen eben jene flachen Seen, die als Alasse beschrieben wurden.

Die beiden beschriebenen Formen der frostdynamischen Prozesse unterliegen dabei einem Kreislauf. Sollten nach der Ausbildung der Alasse, diese nach und nach verlanden, entsteht die Möglichkeit der Ausbildung von Eiskernen im Boden, die sich im Laufe der Zeit immer höher aufwölben (SCHULTZ 2002b:188). Damit sind sie jedoch ebenso der Ablation ausgesetzt, die durch die vermehrte Abholzung der Wälder verstärkt einsetzten kann (BLUME 1991:98)

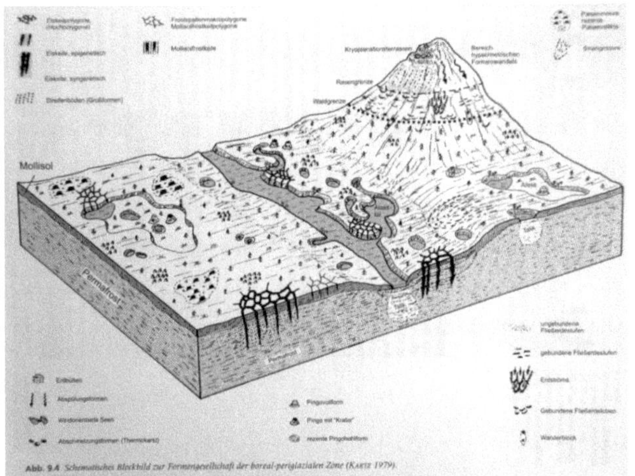

Abb. 3:

Frostwechselformen der Borealen Zone

2.4   Das Gewässernetz der Borealen Zone

Ein weiterer wesentlicher Aspekt bei der Betrachtung der zonalen Geomorphologie ist das Gewässernetz. Aufgrund des weitverbreiteten Permafrostbodens kommt es alljährlich zu Hochwässern und Überflutungen (KLOHN & WINDHORST 2002:195). Sie sind die Folge des im Frühjahr abschmelzenden Schnees, wenn „das Wasser aber aufgrund des noch gefrorenen Bodens nur an der Oberfläche abfließen kann und die häufig noch zugefrorenen Flüsse überströmt" (Ebd.). Daher suchen sich die Flüsse im Unterlauf vielfach neue Flussbette. Die Abflussmenge erhöht sich in dieser Zeit enorm – es kommt zu „extremen Abflussspitzen" (SCHULTZ 2002b:190). Anhand **Abb.4** kann man dies am Beispiel des Jenissej nachvollziehen.

Einen abflusshemmenden Faktor bilden jedoch die „mächtigen Rohhumus- und Torfschichten", die „zunächst viel Wasser aufzunehmen vermögen und dieses erst nach und nach in Form von Grundwasserströmen den Flüssen zuleiten" (Ebd.).

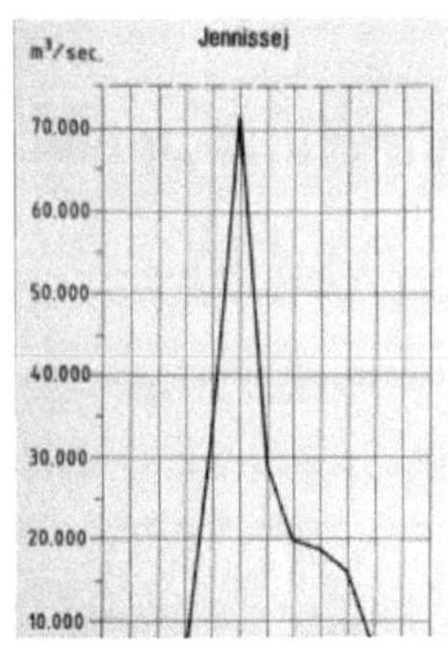

Abb. 4:
Jahresabflussverlauf des Jennissej

(Klohn & Windhorst 2002:202)

Auf die Ausbildung von stehenden Gewässern und Mooren wird an späterer Stelle noch eingegangen.

3   DIE BÖDEN DER BOREALEN ZONE

3.1   Bodenbildende Faktoren

Um auf die Bodentypen der Borealen Zone eingehen zu können, ist es zunächst von Nöten, die zonenspezifischen, bodenbildenden Faktoren kurz zu betrachten, um die wechselseitigen Beziehungen verdeutlichen zu können Als bodenbildende Faktoren wurde bereits in früheren Kapiteln auf das Klima, das Relief und die Vegetation eingegangen. Die kalt-gemäßigten, semiariden bis subhumiden Klimaverhältnisse (ZECH & HINTERMAIER-ERHARD 2002:17) lassen aufgrund einer ausgeprägten Permafrostdecke und der lediglich sehr kurzen Vegetationszeit Bodenbildungsprozesse nur bedingt zu.

Als weiterer wesentlicher Faktor ist auch die zeitliche Dimension zu sehen, der das meiste bodenbildende Material unterlegen ist. Das Ausgangsgestein – Metamorphite und Magmatite der alten Schilde (EBD.) – stammt aus dem Paläozoikum, wurde aber durch die letzte Eiszeit überprägt. Erst nach dem Abschmelzen des Inlandeises konnten die Bodenbildungsprozesse einsetzten. Die Ausgangsgesteine bilden dabei vielfach Sande und Geschiebelehme (PUSTOVOYTOV & FIEDLER 2006:3).

Das Klassifikationssystem, auf das in den folgenden Kapiteln Bezug genommen wird, entstammt hauptsächlich der FAO (United Nations Food and Agriculture Organization) und wurde im 20. Jh. entwickelt (STRAHLER & STRAHLER 1999:540). Daneben existieren noch weitere Systeme (CSCS & WRB), die aber an dieser Stelle nicht tiefgründiger behandelt werden sollen, entscheidende Neuerungen werden jedoch berücksichtigt.

3.2   Regionale Verteilung der Böden und deren bodenbildende Prozesse

Betrachtet man die Verteilung der Böden in der Borealen Zone anhand der Verteilungskarten EITELs (1999:XI) sowie nach ZECH & HINTERMAIER-ERHARD (2002:16f.), so fällt folgendes auf:

Im nördlichen Bereich der Zone, der gleichzeitig den Übergangsbereich zur Tundrenzone markiert, sind verstärkt *Histosole* (Moor- und Torfböden), *Gleysole* (Gleye) und *Cryosole* zu finden, die aufgrund der kaltfeuchten, klimatischen Bedingungen dort zur Ausbildung kommen. In den Gebirgslagen der skandinavischen

Länder sowie der Rocky Mountains, Alaskas und Labradors finden sich vorrangig *Regosole* (Lockersediment- bzw. Rohböden) und *Leptosole* (steinige Locker- und Rohböden) in Kuppenlagen vor – in Nordamerika kommen in diesen Bereichen auch *Cambisole* (Braunerden) an südexponierten Hängen vor (ZECH & HINTERMAIER-ERHARD 2002:17). Letztere Böden finden sich ansonsten verstärkt im Gebiet der hellen Taiga – im mittelsibirischen Bergland.

Der zonale Bodentyp ist der *Podsolboden* (Podzols). Haplic Podzols mit einer normalen Horizontfolge kommen im atlantisch-borealen Bereich vor; Gelic Podzols mit Permafrost im Unterboden sowie auch Haplic Podzols im kontinental-borealen Bereich. Im südlichen Grenz- bzw. Übergangsgebiet der Borealen Zonen zu den gemäßigten Breiten herrschen im Besonderen *Albeluvisole* (Podsol-Parabraunerden) in den südlichen Mischwaldbereichen (ZECH & HINTERMAIER-ERHARD 2002:17) und „in Gunstlagen (SO-Karelien, Kasachstan, Alberta, Saskatchewan) *Luvisole* (Parabraunerden) vor (EBD.). Weiterhin sind *Umbrisole*, „humusreiche Böden, deren Basensättigung […] unter 50% liegt" (SCHULTZ 2002b:59) sehr verbreitet.

Im Allgemeinen wird die Zone auch als Podzol-Cambisol-Histosol-Zone, nach der Neuerung durch die WRB (World Reference Base for Soil Resources) als Podzol-Cambisol-Umbrisol-Histosol-Zone bezeichnet (SCHULTZ 2002b:59).

3.2.1 Der zonale Bodentyp – Podsol

„Die zumindest über einen langen Zeitraum des Jahres vorherrschende Kälte und Nässe" (SCHULTZ 2002b:191) sowie „die aus der Streu der Nadelwälder in reichem Maße zur Verfügung stehenden organischen Säuren tragen dazu bei, daß sich mit dem Podsol der typische zonale Boden entwickelt" (MÜLLER-HOHENSTEIN Jahr:173).

Podsol entwickelt sich folglich auf einer sauren Basis – die pH-Werte des Bodens liegen unter 5,5 (EBD.) im Oberboden sogar nur zwischen 3 und 4,5 (ZECH & HINTERMAIER-ERHARD 2002:22). Für die Entwicklung des Bodens ist zudem ein unverfestigtes, kalk- und silikatarmes Ausgangsmaterial (Sande) notwendig (EBD.) Des Weiteren kennzeichnet seine Eigenschaften eine hohe Wasserdurchlässigkeit sowie eine „schlechte Durchwurzelbarkeit" aufgrund der Ausbildung von Ortstein (EBD.). Die Kationenaustauschkapazität (KAK) ist im Allgemeinen niedrig, da die biologische Aktivität gering und die Auswachsungsrate hoch ist (KLOHN & WINDHORST 2002:18).

Die Bodenbildung – *Podsolierung* – erfolgt dadurch, dass sich im Rohhumus gelöste saure Huminsäuren mitsamt dem Sickerwasser in tiefere Schichten verlagern. Auch Aluminium- und Eisenoxide (Sesquioxide) werden gelöst und in tieferen Schichten wieder ausgefällt (SCHULTZ 2002b:191). Dadurch entsteht die für den Podsol typische Horizontfolge OAhEBhsC (ZECH & HINTERMAIER-ERHARD 2002:22), die in **Abb.5.** zu betrachten ist. Unter einer Streuschicht aus häufig schwer zersetzbarem Material (Koniferennadeln) folgt ein dünner Rohhumushorizont (O), der nur wenige Nährstoffe birgt. Im Anschluss folgen Eluvialhorizonte (Bleichungshorizont. E oder Ae), in denen organische Säuren und Sesquioxide ausgewaschen werden. Jene Substanzen lagern sich im Illuvialhorizont (Bhs) wieder ab (SCHULTZ 2002b:192).

Bei einer verstärkten Anreicherung von Eisen im unteren Bereich des Bhs-Horizontes, kann es zur Ausbildung einer leicht verfestigten Sperrschicht kommen – dem sogenannten Ortstein, der das Wurzelwachstum und die mögliche Bioturbation behindert (STRAHLER & STRAHLER 1999:546)

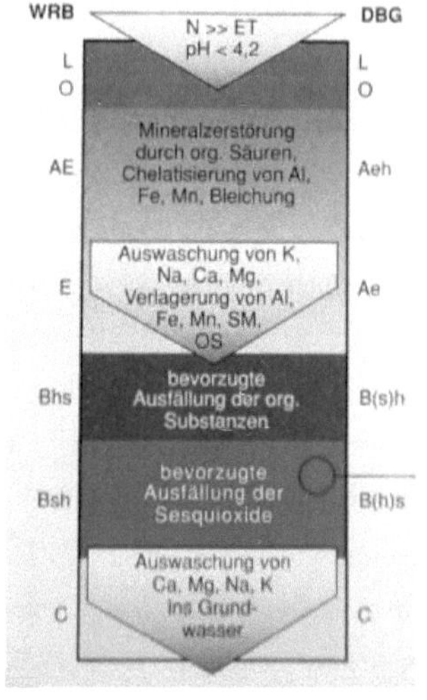

Abb. 5: Horizontfolge Podsol

(ZECH & HINTERMAIER-ERHARD 2002:23)

Neben den bereits beschriebenen Prozessen ist im C-Horizont des Weiteren die Auswaschung von Calcium, Magnesium, Natrium und Kalium zu beobachten, die ins Grundwasser abwandern.

Der Boden ist aufgrund seiner hohen Auswaschungsrate auf natürlichem Wege schwer zu bewirtschaften. Allerdings ist es aufgrund von enormer Düngung, Kalkzufuhr (um den Säuregehalt des Bodens zu reduzieren) und künstlicher Wasserzufuhr möglich, die Fruchtbarkeit des Bodens zu steigern (und z.B. Kartoffelanbau zu ermöglichen) (ZECH & HINTERMAIER-ERHARD 2002:22)

Im Allgemeinen kennzeichnet den Boden Vegetation, deren Nährstoffbedarf gering ist – solche sind etwa Nadelwälder oder Heidelandschaften (STRAHLER & STRAHLER 1999:546).

3.2.2 Weitere interzonale Bodentypen am Regionalbeispiel Skandinaviens

Neben dem zonalen Bodentyp des Podsols, der in seinen allgemeinen Merkmalen im vergangenen Abschnitt beschrieben wurde, soll nun eine regionalbezogene Bodentypanalyse vorgenommen werden. Dabei soll die Verbreitung und Entstehung der Böden auf der Skandinavischen Halbinsel als Beispiel der Borealen Zone im Mittelpunkt stehen. **Abb. 6** zeigt die schematische Verteilung der Böden in Skandinavien nach EITEL (1999:XI). Des Weiteren wurde für die Analyse noch die Bodenverteilungskarte nach ZECH & HINTERMAIER-ERHARD (2002:16f.) verwendet.

Der zonale Bodentyp Podsol ist in Skandinavien weitverbreitet und erstreckt sich nahezu über das gesamte Territorium. Hervorzuheben ist aber, dass es sich fast ausschließlich um Haplic Podzols – Podsolböden mit normaler Horizontfolge – handelt, wohingegen im russischen Bereich Nordeuropas, sowie in fast ganz Sibirien vorrangig Gelic Podzols mit „Permafrost im Unterboden" (SCHULTZ 2002b:55) vorkommen.

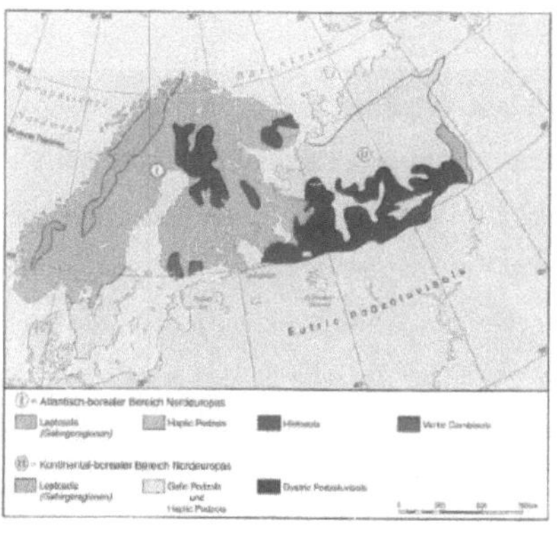

Abb. 6: Bodenkarte Nordeuropas (EITEL 1999:XI)

Auch in den Höhenlagen des Skandinavischen Gebirges finden sich Podsolböden, allerdings handelt es sich dabei um Gebirgspodsole, sogenannte Leptosole, die durch ihre „mäßig fortgeschrittene[...] bzw. sehr schwache[...] Entwicklung" (SCHULTZ 2002b:194) charakterisiert sind. Diese resultiert aus den ungünstigen Klimabedingungen und den jungen Regolithdecken, die erst nach der Eiszeit entstanden sind (EBD.).

Im Norden Skandinaviens (v.a. Finnlands) kommen bereits Tundrenböden vor, welche den nördlichen Übergangsbereich der Borealen Nadelwaldzone markieren bzw. schon der Tundrenzone zugehörig sind. Dazu gehören im Besonderen die Cryosole – „Böden mit Permafrost in weniger als 1 m Tiefe und Gefügemerkmalen, die auf Kryoturbation zurückgehen." (SCHULTZ 2002b:59)

Daneben existieren noch Gleysole, Albeluvisole (beide sind in der Karte EITELs nicht verzeichnet), und vor allem Histosole. Erstere „sind fast immer auf sehr lokale Flächen beschränkt" (STRAHLER & STRAHLER 1999:547), jedoch kennzeichnen sie jene niedrig gelegenen Regionen, die durch ein hohes Grundwasseraufkommen bestimmt sind (Flussauen, Niederung, Seeufer, etc.). Albeluvisole hingegen markieren jene Regionen, die sich durch das Vorkommen von „entkalkten, quarzreichen Feinsedimenten" (ZECH & HINTERMAIER-ERHARD 2002:24) auszeichnen und hauptsächlich in den Regionen Skandinaviens zu finden sind, wo bereits Mischwälder vorherrschen (z.B.: im Süden Norwegens und in Südschweden) – auch diese Bereiche wurden in der Karte EITELS nicht markiert.

Gleysole entstehen auf „mittel- bis feinkörnige[n] Sedimente[n], oder glaziale[n] Ablagerungen in ehemals vergletscherten Gebieten" (ZECH & HINTERMAIER-ERHARD 2002:20), so wie sie in Skandinavien weitverbreitet vorkommen. Die Finnische Seenplatte, die Seenplatte rund um den Ladogasee sowie das Einzugsgebiet des Vänersees in Schweden können dafür als Beispiele gelten. Bei den Seen handelt es sich um vormalige Ausschürfungen der Eiszeit, die sich nach dem Abschmelzen des Eises mit Wasser füllten. Dabei ist der Boden von Grund her sehr vernässt und ermöglicht die Ausbildung eines Gleysols mit der typischen Horizontfolge: AhBgCr (EBD.)
Betrachtet man jene Folge von der tiefstliegenden Schicht zur obersten, so bildet die erste Schicht ein Cr-Horizont (Reduktionshorizont), welcher beständig von anstehendem Grundwasser durchtränkt ist. Redoximorphe Merkmale sind häufig zu beobachten (ZECH & HINTERMAIER-ERHARD 2002:21), denn aus dem langsam fließenden Grundwasser steigen in den Kapillarzellen Eisen- und Manganverbindungen auf, welche in einem darüberliegenden Oxidationshorizont ausfällen. Dieser Horizont ist nur zeitweise von Wasser durchdrängt und enthält daher wesentlich mehr Sauerstoff, was zur Oxidation der Fe-Verbindungen und zur Ausbildung von Rostflecken führt (STRAHLER & STRAHLER 1999:547). Landwirtschaftlich ist der Boden kaum nutzbar, stattdessen werden die Gebiete seines Vorkommens als Weiden und Wiesen benutzt. Auch „Erlen, Weiden und Pappeln" sind darauf zu finden (EBD.).
In Bezug auf die Auswirkungen für die Pflanzenwelt ist zu sagen, dass ebenso wie beim Podsolboden die KAK relativ niedrig gelegen sowie die Entwicklung der bodennahen Fauna durch den hohen Grundwasserspiegel nur eingeschränkt möglich ist – auch der

Abbau der Pflanzenstreu sowie das Wurzelwachstum wird durch die Wassersättigung erschwert (ZECH & HINTERMAIER-ERHARD 2002:20)

Der zweite Bodentyp ist der *Albeluvisol* – der laut dem deutschen Klassifikationssystem der Gruppe der Podsol-Parabraunerden (Fahlerden) oder nach der FAO den Podzoluvisols entspricht (ZECH & HINTERMAIER-ERHARD 2002:24). Die typische Horizontfolge ist AEBtC, wobei sich unter einer Humusauflage zunächst ein E-Horizont (Eluvial- oder Bleichhorizont) mit einer „weißlich grauen" (SCHULTZ 2002b:194) Färbung befindet. Aus diesem werden mitsamt dem Sickerwasser Tonteilchen ausgewaschen, die sich im darunter befindlichen Bt (Tonanreicherungshorizont) wieder anlagern (EBD.). Eine Besonderheit des Bodens ist das „albeluvic tonguing" (ZECH & HINTERMAIER-ERHARD 2002:24), wobei es zur Ausbildung von an Ton und Eisen verarmten Zungen kommt, die in den Bt-Horizont hineinragen (EBD.).

Die landwirtschaftliche Nutzbarkeit des Bodens ist ähnlich der Podsole: Nur durch eine intensive Kalkung und Düngung ist eine Inkulturnahme möglich (Ebd.), der Nutzung für „Weide- oder Forstwirtschaft" (EBD.) spricht jedoch nichts entgegen.

Ein letzter Bodentyp, der bislang keine genauere Erläuterung erfahren hat, ist der *Histosolboden*. Dabei handelt es sich um Moor- und Torfböden jeglicher Art, die in der Borealen Zone weit verbreitet sind. Histosole sind, ähnlich wie Gleysole, sehr nasse Böden, die „sich auf Standorten, auf denen mehr Biomasse produziert als mineralisiert wird, [entwickeln]" (ZECH & HINTERMAIER-ERHARD 2002:18). Die Horizontfolge wird als H, HCr oder OC angegeben, wobei die Zusammensetzung der Böden unterschiedlich sein kann. Topogene, d.h. grundwasserbeeinflusste Böden sowie auch ombrogene (regenwasserbeeinflusste) Böden werden unterschieden (EBD.).

Die Bewirtschaftung der Böden im landwirtschaftlichen Sinne ist nicht möglich, dafür werden sie aber v.a. in Finnland zum Torfabbau verwendet.

Im folgenden Kapitel soll genauer auf diese Moorbildungen eingegangen werden – ebenso am regionalen Beispiel der Skandinavischen Halbinsel.

4   DIE BOREALEN MOORE

Die Entstehung von Mooren hängt ganz entscheidend mit dem Abflussregime der Borealen Zone zusammen. Wie bereits beschrieben, kommt es im Frühjahr zur Schneeschmelze und damit zu einer erhöhten Abflussmenge, die von den Flüssen nicht aufgenommen werden kann – Überschwemmungen sind die Folge. Zudem kommt erschwerend hinzu, dass die Hauptentwässerungsrichtung der Flüsse nach Norden hin verläuft (KLOHN & WINDHORST 2002:195). Das bedeutet, dass die im Süden geschmolzenen Schmelzwässer in Gebiete abfließen, in denen der Prozess des Abtauens noch gar nicht eingesetzt hat und viele Unterläufe der Flüsse aus diesem Grund noch zugefroren sind (EBD.). „Die Folge sind umfangreiche Versumpfungen und Vermoorungen" (EBD.), die in der gesamten Borealen Zone vorkommen. Dabei gilt es natürlich – „nach beteiligten Pflanzenarten, Wachstum, Aufbau und klimatischen Verhältnissen" (MÜLLER-HOHENSTEIN 1981:181) – verschiedene Moortypen zu unterscheiden.

Betrachtet man die Verbreitung der Moortypen in Nordeuropa, so fallen zunächst die großen Flächenanteile auf, welche die Moorflächen (egal welchen Typus') in jener Region einnehmen. Laut KLOHN & WINDHORST sind sie „charakteristisches Landschaftselement und nehmen teilweise Flächenanteile von über 50% (in Westsibirien und Teilen Nordeuropas) ein" (2002:195).

Den größten Anteil an dieser Fläche haben dabei die eher kontinental geprägten und meist baumlosen *typischen Hochmoore* sowie die

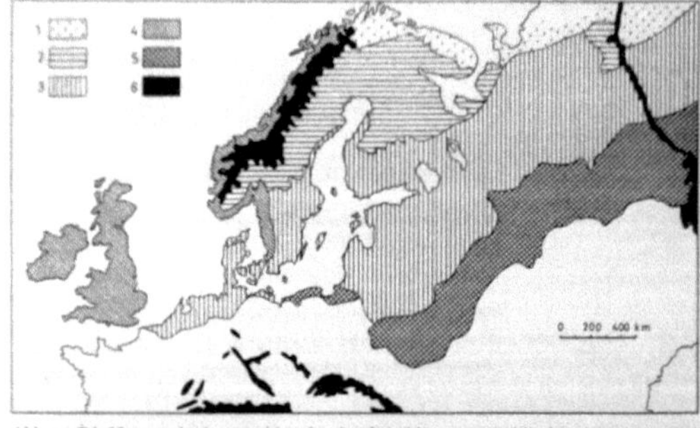

Abb. 7: **Boreale Moore in Nordeuropa**
(MÜLLER-HOHENSTEIN 1981:182)

Waldhochmoore, in denen aufgrund größerer Trockenheit Baumbewuchs möglich wird

(MÜLLER-HOHENSTEIN 1981:181). Diese Typen gehört zu den ombrogenen Mooren, die sich auf der Basis von Niederschlagswasser bilden.

In den Küstenbereichen der norwegischen und der schwedischen Ostseeküste finden sich durchgehend sogenannte *Deckenmoore*, welche von MÜLLER-HOHENSTEIN als oftmals anthropogen-verursachte „überziehende Vermoorungen im atlantischen Bereich innerhalb [von] Heideflächen" (1981:181) deklariert werden. Gleich anschließend an diesen Typ sind im skandinavischen Gebirge die *Gebirgsmoore* auszumachen.

Von größerer Bedeutung sind jedoch die *Strang-* oder *Aapamoore*, die bereits im Zuge der frostdynamischen Prozesse angesprochen wurden. Sie nehmen große Teile des schwedischen und finnischen Landbereiches ein, befinden sich vornehmlich an Hanglagen und sind daher auf die „Schubwirkung der Eis- und Schneedecke" (EBD.) beziehungsweise der Bewegung des Bodens bei Solifluktion und anderen Fließbewegungen zurückzuführen (SCHULTZ 2002b:188). Dabei bilden „lange, schmale Wülste (*Stränge*) aus Torfmoosen" (EBD.) zumeist streifenförmige Muster aus.

Schlussendlich finden sich im Norden der Borealen Zone, am Rande des Tundrabereiches, auch noch die *Palsenmoore*, die ihren Namen den Palsen (Torfhügel auf Eiskernen) verdanken. Eine schematische Darstellung (**Abb. 8**) verdeutlicht den Aufbau dieses Moortyps, wobei die Entstehung der Palsen bereits bei den frostdynamischen Prozessen erläutert wurde.

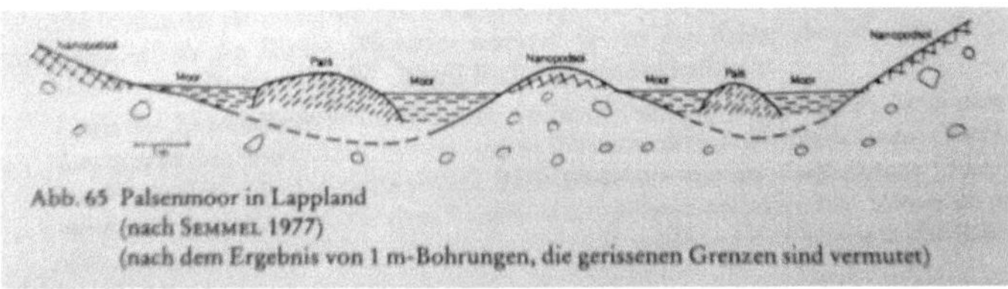

Abb. 8:   Schematische Darstellung eines Palsenmoores
(MÜLLER-HOHENSTEIN 1981:182)

Für die Pflanzengesellschaft bedeutet die Ansiedlung in Moorgebieten erhebliche Anpassung und so werden im Umkehrschluss ebenso die „hydromorphen Bodenbildungen von besonderen Pflanzengesellschaften besiedelt" (MÜLLER-HOHENSTEIN 1981:183), die wie die Drosera (der Sonnentau) jeweils ihre spezielle Art entwickeln, um in diesen Arealen zu bestehen.

Die Ökozonen der Erde stellen Naturräume dar, die trotz ihrer scheinbaren Einheitlichkeit, mit welcher sie untergliedert wurden, eine enorme Vielseitigkeit in Bezug auf alle einfließenden Faktoren in sich bergen. Dies zeigt sich besonders, wenn man ausgehend von den unterschiedlichen Klimabedingungen, die eine Zone beherbergt, ihr Relief und damit ihre Geomorphologie betrachtet, die ihrerseits wieder auf das Wasserregime eine verändernde Wirkung zeigt. Das Klima, das Relief und das Gewässer geben Ausschlag dafür, mit welchen Böden in der Region zu rechnen ist und davon hängen größtenteils wieder die Vegetations- und die Tiergesellschaften ab, die sich in jenem Gebiet anzusiedeln vermögen; die wirtschaftliche Nutzbarkeit durch den Menschen schlussendlich nicht zu vergessen. Doch nicht nur in diese eine Richtung ist bei dieser Kausalkette zu denken, bestimmen doch auch die vorkommenden Böden über das mögliche Abfluss- und Wasserhaushaltsregime oder der Pflanzenbewuchs über die mögliche Erosionsleistung des Klimas und somit über das Relief. Es schließt sich folglich ein Kreislauf, in dem jeder Faktor seinen berechtigten Platz hat.

Neben der Darstellung der allgemeinen geomorphologischen Fakten sowie den Böden der Zone, sollte anhand der Borealen Moore eben jener Kreislauf noch einmal verdeutlicht werden. Kein Boden und keine Vegetation kann für sich allein betrachtet werden. Alle diese Geofaktoren stehen miteinander in einer wechselseitigen Verbindung, die nicht nur durch eben diese Faktoren an sich bestimmt ist, sondern in die auch die äußeren Faktoren der Zeit und auch der anthropogenen Einflüsse mit einfließen.

Literatur

BLUME, H. (1991): Das Relief der Erde. Ein Bildatlas. Stuttgart: Enke.

BRAMER, H. (1982^2): Geographische Zonen der Erde. Gotha: Haack.

BÜDEL, J. (1981^2): Klima Geomorphologie. Berlin/Stuttgart: Gebrüder Borntraeger.

BUTZER, K. W. (1976): Geomorphology of the Earth. New York: Harper and Row.

EITEL, B (1999): Bodengeographie. Braunschweig: Westermann.

GEBHARD, H. (2007): Geographie. Münschen. Elsevier Spektrum Akademischer Verlag.

GERBER, W. (2002): Landschaftsökologie. Lernkartei: Landschaftsökologie. In: geographie heute 23, 205, S. 2-36.

KLOHN, W. & H. WINDHORST (2002^4): Physische Geographie. Böden, Vegetation, Landschaftsgürtel. Vechtaer Materialien zum Geographieunterricht **6**: Vechta: Institut für Strukturforschung und Planung in agrarischen Intensivgebieten.

LOUIS, H. & K. FISCHER (1979^4): Allgemeine Geomorphologie. Berlin: De Gruyter.

MÜLLER-HOHENSTEIN, K. (1981^2): Die Landschaftsgürtel der Erde. Stuttgart: Teuber Studienbücher der Geographie.

PUSTOVOYTOV, K. & S. FIEDLER (2006): Böden gemäßigter und kalter Klimate. Zone 3: Boreale Zone, Zone des borealen Nadelwaldes, nördliche Nadelwaldzone – Taiga. Vorlesungsskript. Hohenheim: Institut für Bodenkunde und Standortslehre. www.uni-hohenheim.de/tebaldi/lehre/pics/Boreale_Zone.pdf (Zugriff: 2007-04-14).

SCHACHTSCHABEL, P., BLUME, H.-P., BRÜMMER, G., HARTGE, K.H., & U. SCHWERTMANN (1998^{14}): Scheffer/Schachtschabel - Lehrbuch der Bodenkunde. Stuttgart: Enke.

SCHULTZ, J. (2002^3a): Die Ökozonen der Erde. Stuttgart: Ulmer.

SCHULTZ, J. (2002b): Handbuch der Ökozonen. Stuttgart: Ulmer.

STRAHLER, A. & A. STRAHLER (1999): Physische Geographie. Stuttgart: Ulmer.

ZECH, W. & G. HINTERMAIER-ERHARD (2002): Böden der Welt. Ein Bildatlas. Berlin: Spektrum Akademischer Verlag.

BEI GRIN MACHT SICH IHR WISSEN BEZAHLT

- Wir veröffentlichen Ihre Hausarbeit,
  Bachelor- und Masterarbeit

- Ihr eigenes eBook und Buch -
  weltweit in allen wichtigen Shops

- Verdienen Sie an jedem Verkauf

Jetzt bei www.GRIN.com hochladen
und kostenlos publizieren